ЖОРЖ ЛЕМЭТР

Теория большого взрыва и происхождение нашей Вселенной

ЖОРЖ ЛЕМЭТР

Теория большого взрыва и происхождение нашей Вселенной

написанный Pauline Landa
в переводе Nastia Abramov

ЖОРЖ ЛЕМЭТР

КЛЮЧЕВАЯ ИНФОРМАЦИЯ

- **Родился:** 17 июля 1894 года в Шарлеруа, Бельгия.

- **Умер:** 20 июня 1966 года в Левене, Бельгия.

- **Основные достижения:** различные теории, позволившие продвинуться в исследованиях Вселенной и ее происхождения, например, теории расширения Вселенной (1927) и первобытного атома (1931).

- **Влияние его исследований:** теория Большого взрыва сегодня широко признана и привела к созданию новой области исследований: современной космологии.

ВВЕДЕНИЕ

Человек всегда стремился понять мир и, соответственно, окружающую его Вселенную. На протяжении веков в зависимости от обычаев каждого периода возникали различные теории, порождавшие представления о Вселенной, которые не всегда согласовывались с религиозными и политическими авторитетами. Во времена Галилея (итальянский астроном и физик, 1564-1642), осужденного церковью за его труды о гелиоцентризме, никто не мог подумать, что именно бельгийский священник Жорж Лемэтр станет автором теории Большого взрыва, которая до сих пор широко признана.

Его "гипотеза первобытного атома", выдвинутая в 1931 году, датирует происхождение Вселенной 13,7 миллиарда лет назад. Лемэтр предположил, что Вселенная тогда была сжата в один атом – часть теории, которая сейчас опровергнута, – что космический удар позволил распасться на большое количество электронов, фотонов и т.д., тем самым дав начало Вселенной, какой мы ее знаем сегодня. Таким образом, возникла Вселенная, какой мы ее знаем сегодня. Лемэтр был пионером в этой области, особенно учитывая, что другие ученые его времени были убеждены, что Вселенная существовала всегда и поэтому бессмысленно пытаться найти ее начало. Однако после публикации его исследований все они были вынуждены пересмотреть свои позиции и принять новую теорию, которая оказала глубокое влияние на космологию и физику в ^{XX} и ^{XXI} веках.

КОНТЕКСТ

УНИКАЛЬНАЯ МОДЕЛЬ ДЛЯ ВСЕЛЕННОЙ?

Невозможно говорить о Жорже Лемэтре, не упомянув при этом одного из величайших ученых [20-го] века, Альберта Эйнштейна (1879-1955). Именно благодаря его теории общей относительности (1915) Леметр разработал свою гипотезу о первобытном атоме. До периода "все относительно" ученые с древних времен пытались понять окружающий мир, предлагая модель Вселенной, способную его объяснить.

После Аристотеля (греческий философ, 384-322 гг. до н.э.) и Птолемея (греческий астроном, около 100-170 гг. н.э.) преобладающей моделью стала геоцентрическая модель, согласно которой Земля находилась в центре Вселенной, и так продолжалось до [XVI] века. В это время эта модель была поставлена под сомнение такими учеными, как Джордано Бруно (итальянский философ, 1548-1600) и Галилей, выступавший за гелиоцентризм, что привело к конфронтации с религиозными властями. Первый был сожжен на костре, второй осужден церковью. Тем не менее, их идеи циркулировали в научном сообществе и регулярно давали пищу для дискуссий.

В конце концов, именно Альберт Эйнштейн, почти три столетия спустя, освободил исследователей от этого поиска уникальной модели, поскольку, по его мнению, не было необходимости отдавать предпочтение одной модели перед другой. Фактически, каждая модель основывалась на последовательной системе отсчета, и поэтому не было необходимости выбирать только одну, поскольку она была бы не более и не менее достоверной, чем другая. По его мнению, ни одна уникальная модель не может охватить всю Вселенную.

В 1927 году Лемэтр, которого очень интересовали эти работы по относительности, развил расчеты Эйнштейна в своей статье "Однородная Вселенная с постоянной массой и растущим радиусом, учитывающая радиальную скорость внегалактических туманностей" и описал расширяющуюся Вселенную, плотность материи которой стремится к минус бесконечности по мере удаления в прошлое. Однако его теория расширяющейся Вселенной не была особенно хорошо принята учеными того времени, и даже Эйнштейн назвал ее ужасной. Только в 1929 году, благодаря американскому астроному Эдвину Хабблу (1889-1953) и его одноименному закону Хаббла, эта идея расширения была принята всем научным сообществом.

ВСЕЛЕННАЯ НЕ БЫЛА СОЗДАНА ЗА СЕМЬ ДНЕЙ

Если сегодня мы ценим смысл датировки происхождения Вселенной, то во времена Леметра это было не так. На самом деле, в начале 20-го века в космологии все еще запрещалось упоминать метафизические понятия, которые обычно диктовались религией, такие как целое, время, начало и т.д. Великие космологи того времени, включая Эйнштейна, отказывались верить в то, что существует точный момент возникновения Вселенной. Поэтому Лемэтр первым упомянул идею происхождения Вселенной, прочитав статью Артура Эддингтона (британского астронома и физика, 1882-1944) о конце света.

Исходя из предположения, что существует постоянная энергия, которая распределена в квантах (минимальных количествах энергии) по всей Вселенной, и что количество квантов всегда увеличивается, если мы рассмотрим историю Вселенной, мы должны быть в состоянии проследить все более низкое количество квантов вплоть до момента, когда мы придем к уникальному кванту, в котором была сосредоточена вся Вселенная. Именно так в 1931 году была выдвинута гипотеза о первобытном атоме, теория, которая до сих пор принимается и сейчас известна как теория Большого взрыва.

 ## ЗНАЕТЕ ЛИ ВЫ?

Жорж Лемэтр не изобрел термин "Большой взрыв", который прижился. На самом деле это был один из его критиков, британский астроном Фред Хойл (1915-2001), который придумал это выражение. Во время интервью на радио ВВС в 1950 году он иронично использовал слова "Большой взрыв" для описания гипотезы Лемэтра о первобытном атоме, и этот термин, более доступный для широкой публики, остался ассоциироваться с теорией.

ЖИЗНЬ ЛЕМЕТРА

ЖИВОЙ ИНТЕРЕС К НАУКЕ

Жорж Лемэтр родился в католической семье среднего класса в Шарлеруа, Бельгия, 17 июля 1894 года и был старшим ребенком Жозефа Лемэтра, академика и директора завода по производству стекла и мрамора, и Маргариты Ланнуа, дочери пивовара. Ни один из аспектов его семейного окружения не настраивал его ни на вступление в ряды духовенства, ни на посвящение своей жизни математике и физике.

Он получил образование в христианской школе города вместе со своими братьями. В 1904 году он начал изучать классику в иезуитском колледже Сакре-Кер, где впервые увидел возможность примирения веры и науки. В раннем возрасте он преуспел в математике, физике и химии. Когда ему было всего девять лет, он уже решил, что хочет посвятить свою жизнь в равной степени науке и Богу. В 1910 году его семья переехала в Брюссель, и Лемэтр продолжил учебу в Коллеж Сен-Мишель, где он прошел подготовительные курсы для дальнейшего обучения. По просьбе отца он сдал вступительный экзамен для изучения инженерного дела и решил оставить священство на потом.

ИНТЕЛЛЕКТУАЛЬНЫЙ И ДУХОВНЫЙ ПУТЬ

В 17 лет он начал изучать инженерное дело в Левенском католическом университете, но учеба была прервана Первой мировой войной (1914-1918 гг.). Вскоре после начала войны он вступил добровольцем в артиллерию. За участие в битве при Исере он получил Бельгийский военный крест. Этот сложный опыт укрепил его потребность совместить религиозное и научное призвание.

Осенью 1919 года он вернулся в университет и оставил инженерное дело, чтобы заняться новым предметом: физикой и математикой. В 1920 году он получил докторскую степень по математике и степень бакалавра по томистской философии (т.е. философии, вдохновленной трудами Фомы Аквинского). В том же году он вернулся в семинарию в Малине. Увлеченный теорией относительности Эйнштейна, которая, однако, не была широко изучена в Бельгии, Лемэтр в то же время подготовил диссертацию об относительности и гравитации с целью выиграть стипендию для поездки. Три года спустя он был рукоположен в священники и получил от бельгийского правительства стипендию для обучения за границей.

ФОРМИРУЮЩИЕ ПУТЕШЕСТВИЯ

Молодой священник отправился в Кембридж, Англия, где изучал астрономию под руководством знаменитого астрофизика Артура Стэнли Эддингтона, которым он очень восхищался. Затем он пересек Атлантику и поступил в обсерваторию Гарвардского колледжа, где работал с

Харлоу Шапли (американский астрофизик, 1885-1972) над изучением туманностей (тусклых, неподвижных межзвездных облаков). Наконец, он поступил в Массачусетский технологический институт (MIT), чтобы начать писать диссертацию о гравитационных полях в жидкостях в общей теории относительности.

Во время учебы Лемэтру посчастливилось быть частью очень активной интеллектуальной среды и познакомиться со многими ключевыми фигурами современной физики. Когда он вернулся в Бельгию летом 1925 года, он работал преподавателем на научном факультете Левенского католического университета, но продолжал часто ездить в Англию и США для участия в конференциях или для работы над своими научными проектами. В 1927 году Массачусетский технологический институт принял его диссертацию и присудил ему докторскую степень по физике. В том же году Лёвенский университет сделал его профессором, и эту должность он занимал до 1964 года.

ОДИН ЧЕЛОВЕК, ДВА ПРИЗВАНИЯ

Всю свою жизнь Лемэтр посвятил католической вере и науке. Эти два призвания могут показаться несовместимыми, но для него было вполне возможно проводить исследования о зарождении Вселенной, не подвергая сомнению свою католическую веру. В то время как его гипотеза о первобытном атоме пыталась объяснить начало расширения Вселенной, космология должна была оставить место для религии, чтобы объяснить сотворение мира. Для него это были две истины, независимые друг от друга. Однако его совместное научное и религиозное образование привело бы к подозрительности и неприятию со стороны части научного сообщества. Тем не менее, никто не мог оспорить качество его исследований или его стремление к "двойной концепции" истины, в которой религия и наука разделены и нацелены на разные уровни понимания: таким образом, он проводил различие между происхождением, которое является физическим понятием, и творением, которое является философским понятием.

Будучи невероятно одаренным математиком, Лемэтр всегда нуждался в подкреплении теории наблюдениями. Таким образом, он не довольствовался простым построением обоснованных гипотез, а проверял их обоснованность с помощью экспериментов. Эта черта характера отличала его от других ученых своего времени и позволила ему добиться значительных успехов в своих исследованиях.

Лемэтр умер от лейкемии 20 июня 1966 года в Левене, узнав за несколько дней до этого, что наблюдение космического фонового излучения только что точно подтвердило, что Вселенная началась со взрыва, о чем он уже выдвинул гипотезу в своей теории 30 лет назад.

ТЕОРИИ ЛЕМЕТРА

ВКЛАД ЭЙНШТЕЙНА И ФРИДМАНА

Хотя Лемэтр является неоспоримым отцом теории Большого взрыва, двое других ученых также сыграли ключевую роль в развитии этой теории, которая произвела революцию в современной космологии. Исследования Леметра, по сути, проводились в очень точном научном контексте.

Эйнштейн первым проложил путь своей теорией общей относительности (1915), которая представляла собой новую теорию гравитации. Согласно его теории, гравитационные силы между объектами – это то, что придает Вселенной ее структуру. Эйнштейн также написал уравнения, определяющие физические и геометрические свойства Вселенной, которые он считал статичными (это означает, что общий размер Вселенной не меняется с течением времени). Эти уравнения позволили определить, как пространство изменяется со временем, исходя из количества материи и энергии, которые меняются внутри него.

Российский физик и математик Александр Фридман (1888-1925) нашел решения этих уравнений, которые описывают изменение пространства во времени. Он теоретически предположил, что, возможно, Вселенная возникла из сингулярности и что, следовательно, в конце концов наступит конец Вселенной. Фридман также оценил возраст Вселенной в 10 миллиардов лет. Однако в 1920-х годах общепринятые научные оценки не превышали одного миллиарда.

Познакомившись с теориями Эйнштейна во время учебы в Кембридже, Лемэтр также заинтересовался уравнениями немецкого физика и внес свой вклад в создаваемую новую космологию, известную как релятивистская космология.

 ## ЗНАЕТЕ ЛИ ВЫ?

Лемэтр был не единственным человеком, рассматривавшим идею расширения Вселенной. В 1922 и 1924 годах Фридман опубликовал две диссертации, в которых выдвинул свою гипотезу расширения. Однако его труды не получили достаточной известности. Лемэтр получил доступ к этим статьям только в 1927 году, в то же время, когда он опубликовал свою собственную теорию расширения Вселенной. Таким образом, можно сказать, что оба ученых пришли к идее расширения независимо друг от друга.

ТЕОРИЯ РАСШИРЕНИЯ ВСЕЛЕННОЙ (1927)

Бельгийскому исследователю удалось, независимо от Фридмана, решить уравнения, предложенные Эйнштейном, и найти нестатичные космологические решения. Он приписал силу космического отталкивания, которая заставляет частицы во Вселенной разделяться со временем, космологической постоянной, присутствующей в уравнении Эйнштейна. Он также имел смелость принять во внимание наблюдения американцев того времени за скоростью движения туманностей, которые доказывали, что Вселенная действительно расширяется.

Так, в 1927 году Лемэтр опубликовал свою ключевую статью "Однородная Вселенная с постоянной массой и растущим радиусом, учитывающая радиальную скорость внегалактических туманностей". Это неинтригующее название (по крайней мере, для неспециалистов) указывало на то, что он установил связь между расширением Вселенной и наблюдениями за скоростью туманностей. В статье Лемэтр описал расширяющуюся Вселенную, которая, уходя достаточно далеко в прошлое, напоминала статичную Вселенную Эйнштейна. Поскольку эта теория была основана на наблюдениях, она была представлена как решение уравнений Эйнштейна. Однако статья Леметра не имела такого успеха, как должна была бы, поскольку сам Эйнштейн не был убежден в своей теории. Только в 1930 году Эддингтон понял значение работы своего бывшего ученика. Более того, именно благодаря ему идея расширяющейся Вселенной получила широкое распространение.

ГИПОТЕЗА ПЕРВОБЫТНОГО АТОМА (1931)

В продолжение этой идеи расширяющейся Вселенной Лемэтр выдвинул идею о том, что в начале Вселенная должна была быть гораздо плотнее. Поскольку Вселенная просто расширяется с течением времени, если мы вернемся достаточно далеко назад, Вселенная должна была быть все менее и менее обширной: именно это заставило его задуматься о происхождении Вселенной. По его мнению, расширение Вселенной должно было начаться с единственного начального состояния – первобытного атома. В своей статье "Расширение Вселенной", опубликованной в 1931 году, он развил эту идею, опять же основываясь на наблюдениях.

Он считал, что само существование туманностей означает, что во Вселенной ранее происходили процессы сжатия. Таким образом, за созданием мира стояли две противоположные космические силы: гравитация, которая притягивает, и космологическая постоянная, которая отталкивает. Он предположил, что эволюция Вселенной происходит в три этапа:

- Первая заключалась в быстром, взрывном расширении после распада первобытного атома.

- Второй – период замедления, во время которого плотность материи и космологическая постоянная пришли в равновесие. Во время этой фазы сформировались великие структуры Вселенной, такие как звезды, галактики и скопления.

- Эти образования должны нарушить равновесие и привести к заключительной фазе – второй быстрой экспансии.

Эта гипотеза о первобытном атоме не удовлетворила ни Эйнштейна, ни Эддингтона, поскольку для них говорить о происхождении Вселенной было немыслимо, так как она была статичной. Лемэтру предстояло убедить этих ведущих ученых. Используя последние достижения квантовой механики, бельгийский священник решил объяснить происхождение Вселенной с помощью квантовой теории. Он сконцентрировался на двух принципах термодинамики (раздел физики, касающийся систем, в которых происходят изменения количества тепла с течением времени):

- энергия существует в виде отдельных квантов, а общее количество энергии остается постоянным;

- число квантов непрерывно увеличивается.

Если мы вернемся назад во времени, то найдем меньше квантов, которые, тем не менее, содержат всю энергию Вселенной, и в конце концов придем к одному кванту с чрезвычайно концентрированным количеством энергии — первобытному атому. Новаторская идея Леметра заключалась в том, чтобы связать бесконечно большое (Вселенную) с бесконечно малым (атомом).

Хотя идея Леметра, призванная объяснить расширение Вселенной как результат первоначального взрыва, по-прежнему широко признана, его теория о том, что вся Вселенная изначально содержалась в одном атоме, который распался, теперь поставлена под сомнение. Сейчас физики больше склоняются к тому, что это некое облако элементарных частиц (кварков и лептонов), которое постепенно конденсировалось, высвобождая энергию и придавая Вселенной начальный импульс. Они признают существование космического микроволнового фона — следа первоначального взрыва, но считают, что он исходит от электромагнитной волны, а не, как думал Лемэтр, от следа частиц, приведенного в движение распадом первоначального атома.

ОСТАЛЬНЫЕ ЕГО РАБОТЫ

После публикации двух своих теорий, которые вместе составили то, что сейчас принято называть теорией Большого взрыва, Лемэтр продолжил свои космологические исследования. Некоторые из его оценок были позже подтверждены учеными. Он теоретизировал о черных дырах и вакуумной энергии, а также выдвинул гипотезу о том, что Вселенная имеет дополнительные измерения.

После Второй мировой войны (1939-1945) Лемэтр постепенно отстранился от международных исследований, ограничив свои поездки. Он также отказался от исследований в области космологии ради другой области, которую он особенно любил и в которой был талантлив: численного анализа.

Несмотря на важность других его работ, он остается известным прежде всего как автор релятивистской космологии, которая характеризуется тремя основными принципами:

- Вселенная расширяется;

- у Вселенной было начало;

- квантовая физика (наука о бесконечно малом) и астрономия (наука о бесконечно большом) связаны в понимании Вселенной.

👁 ЗНАЕТЕ ЛИ ВЫ?

Хотя его вклад в релятивистскую космологию сегодня уже невозможно оспорить, Лемэтр долгие годы оставался незамеченным. На самом деле, во многих научных энциклопедиях имя священника даже не упоминается или преуменьшается влияние его работы. Возможно, его первоначальное обучение математике и религиозные обязательства сыграли не в его пользу.

ХРОНОЛОГИЯ БОЛЬШОГО ВЗРЫВА

С тех пор как Лемэтр написал свои статьи, ученые пересматривали и корректировали его концепцию теории Большого взрыва. Современное состояние знаний о происхождении Вселенной выглядит следующим образом.

Вселенная зародилась 13,7 миллиарда лет назад в чрезвычайно горячей среде, при температуре около 1032 Кельвина (примерно 758°С). Тогда Вселенная состояла только из фотонов, элементарных частиц и их античастиц. После первоначального космического удара – знаменитого Большого взрыва – частицы и античастицы распались, оставив небольшой избыток материи, который и привел к созданию Вселенной. В первые три минуты благодаря наличию кварков (элементарных частиц) образовались протоны и нейтроны. Потребовалось 380 000 лет, чтобы Вселенная снова остыла. В это время из материи высвободился свет, который ученые называют космическими микроволнами. Галактики образовались в результате гравитационного коллапса облаков пыли. Наконец, родились звезды, окруженные планетами.

 ## ЗНАЕТЕ ЛИ ВЫ?

Эти космические микроволны и сегодня можно наблюдать в качестве фонового излучения, и они являются свидетельством начала Вселенной. Американские физики Роберт Уилсон (1936-2002) и Арно Пензиас (род. 1933) были первыми, кто наблюдал этот космический микроволновый фон в 1965 году. Это открытие было столь же удачным, сколь и случайным: физики работали над созданием нового типа телефонной антенны. Их открытия заставили критиков теории Большого взрыва изменить свое мнение и поддержать ее.

После Жоржа Леметра физики нашли уравнения, которые позволили им описать Вселенную всего через 10-43 секунды после ее начала. Период, разделяющий гипотетическое "время ноль" и 10-43 секунды спустя, называется эпохой Планка, в честь Макса Планка (немецкий физик, 1858-1947), и не может быть объяснен существующими теориями, поскольку понятия пространства и времени еще не были определены. Мы ничего не знаем о том времени.

ВЛИЯНИЕ

ПРИЕМ В НАУЧНОМ СООБЩЕСТВЕ: МЕЖДУ ПРЕЕМСТВЕННОСТЬЮ И КРИТИКОЙ

Теория Большого взрыва появилась в период космологического кризиса в научном сообществе в отношении представления пространства. Выводы Леметра, сделанные при содействии ученых-релятивистов, привели к практически научной революции, которая, тем не менее, вызвала определенную критику, поскольку предложила совершенно новый способ представления Вселенной.

Даже авторитеты, которыми руководствовался Лемэтр, Эйнштейн и Эддингтон, с сомнением отнеслись к его теории расширения. Эйнштейну потребовалось 10 лет, чтобы принять идею эволюционирующей Вселенной, но он никогда не примет гипотезу первобытного атома, поскольку, по его мнению, бельгийский священник был вдохновлен библейской историей сотворения мира, что неприемлемо для научной теории. В 1940-х годах теория была даже дискредитирована, поскольку не была подтверждена никакими наблюдениями. Из-за отсутствия доказательств она столкнулась с конкуренцией со стороны двух новых теорий: возрождающейся ньютоновской космологии и теории стационарного состояния.

Потребовалось 30 лет, чтобы большинство научного сообщества признало вклад Леметра в современную космологию. В значительной степени теория Большого взрыва стала известна благодаря Джорджу Гамову (российско-американский физик, 1904-1968). Он был плодовитым автором и живо интересовался астрономией, особенно эволюцией звезд. В тексте, написанном в 1948 году, он разработал модель Вселенной, в которой доминировали тепло и излучение. Гамов согласился с утверждениями Леметра о чрезвычайно плотном происхождении Вселенной и добавил, что в тот период она также была чрезвычайно горячей. Понятие температуры позволило установить ключевую связь между космологией и физикой высокоэнергетических частиц. Он заявил, что все элементы во Вселенной образовались во время первых, очень горячих фаз ее расширения. С помощью своих коллег Гамов рассчитал, что в более позднюю эпоху, когда температура охладилась, Вселенная стала прозрачной и выделилось излучение, которое можно обнаружить и сегодня: это космический микроволновый фон.

Позже, в частности, благодаря совершенствованию астрофизических инструментов, следующие поколения ученых смогли найти данные, подтверждающие модели Леметра и Фридмана. С февраля 2003 года с помощью микроволнового зонда анизотропии Уилкинсона можно с большой точностью рассчитать возраст и энергетическое содержание Вселенной. Поэтому модель Леметра больше не может быть поставлена под сомнение в рамках наших современных знаний.

ПРИНЯТИЕ ТЕОРИЙ ЛЕМЕТРА ВО ВСЕМ МИРЕ

1930-е годы были временем различных кризисов после Великой депрессии (1929), что привело к тому, что американские СМИ проявили больший интерес к космологическим открытиям, воспринимая их как способ отвлечь деморализованную аудиторию. Таким образом, Лемэтр стал знаменитым в 1932 году, когда пресса поставила его в оппозицию Эйнштейну. Однако очень скоро он был забыт широкой публикой, а достижения Леметра стали ошибочно приписывать другим ученым. Но он не искал славы и был известен своей скромностью в общественной сфере.

ЧТО ОСТАЛОСЬ ОТ ТЕОРИИ БОЛЬШОГО ВЗРЫВА?

Теория Большого взрыва, как она была задумана Леметром, до сих пор широко признана. Она составляет основу нашей современной космологии, нашего способа восприятия и понимания Вселенной. Благодаря ему стало возможным объединить научные исследования с религиозной мыслью. Таким образом, происхождение мира стало научной теорией, не зависящей от каких-либо религиозных убеждений.

Хотя в настоящее время имя теории вытеснило имя ее изобретателя, Лемэтр, тем не менее, по-прежнему широко известен в научном сообществе. Астероид (1565) носит его имя с момента его открытия бельгийским астрофизиком в 1948 году, а Лёвенский католический университет отдал дань уважения, назвав в его честь аудиторию, а также свой институт астрономии и геофизики. Совсем недавно Европейское космическое агентство сделало то же самое для своего последнего автоматического транспортного средства, которое оно отправило в космос 30 июля 2014 года.

ЗНАЕТЕ ЛИ ВЫ?

Теория большого взрыва", известный американский сериал, начавшийся в 2007 году, рассказывает о жизни четырех физиков-исследователей. Действие сериала происходит в США, в Пасадене, том самом городе, где Лемэтр несколько раз встречался с Эйнштейном в Калифорнийском технологическом институте.

РЕЗЮМЕ

- Создав новый способ восприятия Вселенной, Альберт Эйнштейн, Александр Фридман и Жорж Леметр стали инициаторами настоящей научной революции.

- Лемэтр был ответственен за три идеи новой или релятивистской космологии: что у Вселенной было начало, что она постоянно расширяется и что квантовая физика (наука о бесконечно малом) и астрономия (наука о бесконечно большом) связаны в понимании Вселенной.

- Теория расширения Вселенной и гипотеза о первобытном атоме сегодня известны как теория Большого взрыва.

- Зарождение Вселенной имело три фазы: взрывной космический удар, который привел к быстрому расширению, затем длительный период остывания, в течение которого Вселенная продолжает расширяться, а затем второе быстрое расширение.

- Несмотря на критику, идеи Леметра были подтверждены открытием космического микроволнового фона в 1965 году, который уже был предсказан Гамовым.

ДАЛЬНЕЙШЕЕ ЧТЕНИЕ

БИБЛИОГРАФИЯ

Энгель, В. (2013) *Le prêtre et le Big Bang*. Париж: JC Lattès.

Ламберт, Д. (2016) *Атом Вселенной: Жизнь и работа Жоржа Леметра*. Краков: Издательство Центра Коперника.

Люмине, Ж.-П. (2004) *L'invention du Big Bang*. Париж: Seuil.

Robredo, J.-F. (2011) *Les metamorphoses du ciel : de Giordano Bruno à l'Abbé Lemaître*.

Université Catholique de Louvain (Без даты) *Georges Lemaître*. [Online]. [Accessed 3 May 2015]. Available from: < https://www.uclouvain.be/316446.html>.

ДОПОЛНИТЕЛЬНЫЕ ИСТОЧНИКИ

Фаррелл, Дж. (2006) *День без вчера: Лемэтр, Эйнштейн и рождение современной космологии*. Нью-Йорк: Basic Books.

Трасанкос, С. (2016) *Частицы веры: Католическое руководство по навигации в науке*. Индиана: Ave Maria Press.

ИКОНОГРАФИЧЕСКИЕ ИСТОЧНИКИ

Портрет Галилея работы художника Юстуса Сустерманса. Репродукция картины без авторских прав.

Фотография Лемэтра в Левенском католическом университете. Репродукция фотографии без авторских прав.

Портрет Альберта Эйнштейна в 1947 году. Репродукция
картины без авторских прав.

Портрет Александра Фридмана. Репродукция картины без
роялти.

Фотография Макса Планка, сделанная в 1933 году.
Репродукция фотографии без авторских прав.

Художественный оттиск зонда микроволновой анизотропии Уилкинсона. Репродукция изображения без авторских прав.

Издательство гарантирует достоверность опубликованной информации, что, однако, не может повлечь за собой его ответственность.

Мастер ISBN: 9782808601504
Бумажный ISBN: 9782808602952
Легальный депозит: D/2022/12603/296

Цифровое оформление: Primento,
цифровой партнер издателей.

Η ΙΕΡΑΡΧΙΑ ΤΩΝ ΑΝΑΓΚΩΝ ΤΟΥ MASLOW

Αποκτήστε ζωτικής σημασίας πληροφορίες για το πώς να παρακινείτε τους ανθρώπους

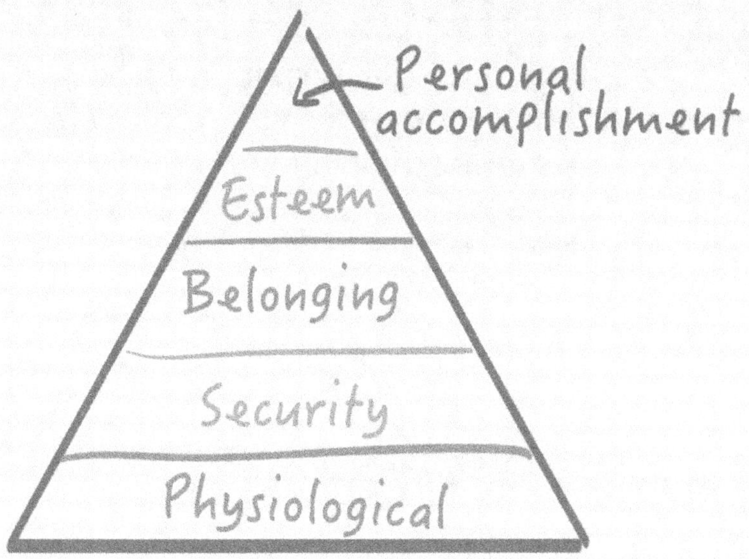

Η ΙΕΡΑΡΧΙΑ ΤΩΝ ΑΝΑΓΚΩΝ ΤΟΥ MASLOW

Αποκτήστε ζωτικής σημασίας πληροφορίες για το πώς να παρακινείτε τους ανθρώπους

γραμμένο από Pierre Pichère
μεταφρασμένο από Lina Sideris

Η ΙΕΡΑΡΧΙΑ ΤΩΝ ΑΝΑΓΚΩΝ ΤΟΥ MASLOW

ΒΑΣΙΚΕΣ ΠΛΗΡΟΦΟΡΙΕΣ

- **Όνομα:** Maslow, Πυραμίδα των αναγκών του Maslow.

- **Χρήσεις:** ψυχολογία και κοινωνικές επιστήμες (για την κατηγοριοποίηση και την ιεράρχηση των ατομικών αναγκών), μάρκετινγκ και διοίκηση.

- **Γιατί είναι επιτυχημένη;** Είναι μια δυναμική οπτική αναπαράσταση των αναγκών, συμπεριλαμβανομένων τόσο των φυσιολογικών όσο και των πνευματικών πτυχών.

- **Λέξεις κλειδιά:** ψυχολογία, ανάγκες, Maslow, πυραμίδα.

ΕΙΣΑΓΩΓΗ

Η οικονομική επιστήμη είναι η κατανομή των περιορισμένων πόρων σύμφωνα με τις άπειρες ανάγκες, τα κίνητρα και τις προσδοκίες των ατόμων. Αλλά πώς ορίζετε τις ανάγκες; Αυτό προσπαθεί να κάνει αυτή η πυραμίδα που ανέπτυξε ο Αμερικανός ψυχολόγος Abraham Harold Maslow (1908-1970).

Ιστορία

Ξεκινώντας από τη δεκαετία του 1940, ο Μάσλοου, μαζί με τον Καρλ Ρότζερς (ψυχολόγος, 1902-1987), εισήγαγαν μια νέα